Dhanashri Panchbhai

Um manual prático de química

Dhanashri Panchbhai

Um manual prático de química

Bacharelato Semestre III

ScienciaScripts

Cover image: www.ingimage.com

This book is a translation from the original published under ISBN 978-620-7-46034-2.

Publisher:
Sciencia Scripts
is a trademark of
Dodo Books Indian Ocean Ltd. and OmniScriptum S.R.L publishing group

120 High Road, East Finchley, London, N2 9ED, United Kingdom
Str. Armeneasca 28/1, office 1, Chisinau MD-2012, Republic of Moldova, Europe
Printed at: see last page
ISBN: 978-620-8-29635-3

Conteúdo

INTRODUÇÃO

Os dois líquidos entre a temperatura do seu ponto de fusão e do seu ponto de ebulição podem ser parcialmente miscíveis, completamente miscíveis ou completamente imiscíveis. No caso de dois líquidos apresentarem uma miscibilidade parcial, o aumento da temperatura aumenta, na maioria dos casos, a miscibilidade dos líquidos. A temperatura a partir da qual dois líquidos parcialmente miscíveis se tornam completamente miscíveis é designada por temperatura crítica de solução (CST) ou ponto de consulado do par de líquidos.

Quando se misturam quantidades excessivas de dois líquidos abaixo da temperatura crítica de solução, a mistura divide-se em duas camadas, ambas em solução saturada e com composições diferentes. A composição destas duas camadas é independente das quantidades dos dois componentes misturados, mas depende da temperatura do sistema. Uma variação na proporção do componente altera as quantidades relativas da camada e, se um dos componentes for progressivamente aumentado para além de uma determinada proporção total dos componentes, uma das camadas pode desaparecer completamente, sendo o sistema então constituído por uma única fase líquida. No caso de camadas parcialmente miscíveis, verifica-se que a solubilidade mútua de dois líquidos aumenta com a temperatura e, a partir de uma determinada temperatura, tornam-se completamente miscíveis. Esta temperatura é caraterística de um determinado par e é designada por temperatura de fecho superior da CST (UCST) ou temperatura superior do consulado. Alguns pares parcialmente miscíveis mostram um aumento da solubilidade ou miscibilidade com a diminuição da temperatura e têm uma CST inferior (LCST), abaixo da qual os dois líquidos são completamente miscíveis.

Existem quatro tipos de sistemas de líquidos parcialmente miscíveis:

1. Aqueles em que a missibilidade parcial aumenta com o aumento da temperatura a uma determinada temperatura.
2. exemplo fenol água anilina água, metanol CS2 anilina e hexano e ciclo-hexano metanol
3. Aqueles em que a misibilidade parcial aumenta com o abaixamento da temperatura, ou seja, acima de uma determinada temperatura o líquido torna-se

completamente miscível.

4. Aqueles em que a miscibilidade parcial aumenta tanto com o aumento como com a diminuição da temperatura. Estes pares de líquidos apresentam uma miscibilidade completa tanto acima como abaixo de uma determinada temperatura, por exemplo H2O nicotina H2 O-в-picolina.

5. Aqueles em que não é possível obter uma temperatura de missibilidade completa, por exemplo, água de éter.

Efeito da impureza na CST: A CST é muito sensível à presença de pequenas quantidades de impurezas solúveis num ou em ambos os componentes.

1. Se um imperativo solúvel em apenas um dos componentes do sistema estiver presente no sistema, este determina a temperatura crítica superior da solução e diminui a temperatura crítica inferior da solução, segundo ponto

2. Se as impurezas forem solúveis em ambos os componentes do sistema, a sua presença faz com que a CST superior seja afetada e a CST inferior seja afetada.

Isto deve-se ao facto de a impureza adicionada se distribuir entre os componentes líquidos do sistema de uma forma definida e ser continuamente trocada entre eles, sendo atingido um equilíbrio dinâmico após algum tempo. A distribuição e o momento das moléculas das impurezas actuam como uma força de ligação entre os componentes líquidos da mistura e conduzem a uma maior solubilidade dos dois componentes líquidos; a alteração da temperatura crítica das soluções (CST) é diretamente proporcional à percentagem de impureza. A temperatura mútua da mistura da proporção fixa dos componentes também é alterada da mesma forma que a temperatura crítica da solução deste sistema. Por exemplo, quando se adiciona Nacl à mistura fenol -H2O, aumenta a CST superior do sistema fenol-H2O do sistema fenol-água.

CAPÍTULO 1

Experiência n.º 1

Objetivo: Estudo das variações da temperatura de solubilidade mútua com a concentração para o sistema fenol-água e determinação da temperatura crítica de solubilidade.

Aparelhos: ebulidor, proveta, copo, termómetro, etc.

Produtos químicos: Fenol, cloreto de sódio, água destilada

Princípio: O fenol e a água são líquidos parcialmente miscíveis. A miscibilidade depende da temperatura e da composição do sistema. Quando os dois líquidos são agitados em conjunto, a camada de água fica saturada com fenol e o fenol fica saturado com água. Assim, forma-se uma solução turva. Com o aumento da temperatura, a solubilidade mútua aumenta. A uma determinada temperatura, tornam-se miscíveis entre si e a solução torna-se límpida. A temperatura de desaparecimento da turvação varia com a alteração da composição. A temperatura mínima acima da qual os dois líquidos são completamente miscíveis em todas as proporções é designada por temperatura crítica da solução. (C.S.T.)

Para a determinação da C.S.T., a temperatura de desaparecimento da turvação é traçada em função da composição. Os máximos da curva correspondem à C.S.T.

Quando um sal como o NaCl é adicionado ao sistema, o valor de c.S.T. aumenta com o aumento da concentração de Nacl.

Procedimento: Determinação do C.S.T. do sistema fenol-água

1) Colocar 4 g (4 ml) de fenol num tubo de ensaio em ebulição e adicionar 1 ml de água destilada. Mergulhar um agitador e um termómetro.

2) Colocar o tubo em repouso e agitar vigorosamente para que apareça a turvação.

3) Mergulhar a parte inferior do tubo de ensaio num banho de água e aquecer suavemente com agitação constante Registar a temperatura a que desaparece a turvação (T1)

4) Deixar arrefecer lentamente a mistura, com agitação constante. Registar a temperatura a que a turvação desaparece (T2). A diferença entre T1 e T2 não deve ser superior a 3 a 4 °C.

5) Adicionar novamente 1 ml de água destilada e repetir o procedimento de

aquecimento e arrefecimento Registar a temperatura de desaparecimento e aparecimento da turvação.

6) Tomar a média de cada uma das duas temperaturas T_1 e T_2, que é a temperatura de miscibilidade das duas soluções.

Sr.N0.	Peso da água	% de fenol	Temperatura de desaparecimento da turvação (T_1)	Turbidez do de aspeto da de temperatura (T_2)	Temp. de miscibilidade $(T_1+T_2)/2$
1	4g	1 ml	80		
2	4g	2ml	66.6		
3	4g	3 ml	57		
4	4g	4ml	50		
5	4g	5ml	44.4		
6	4g	6ml	40		
7	4g	7m	36.4		
8	4g	8ml	33.3		
9	4g	9ml	30.7		
10	4g	10ml	28.7		

Cálculos:

Traçar um gráfico da percentagem de fenol e da temperatura de miscibilidade. Os máximos do gráfico indicam a temperatura crítica da solução

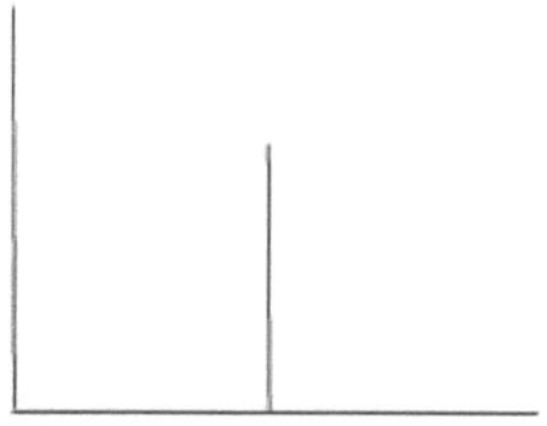

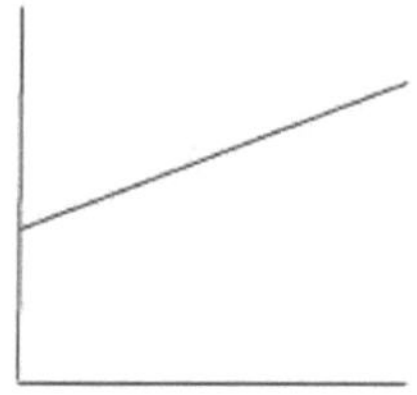

Resultados:

1. A temperatura crítica da solução para o sistema fenol-água foi de °C.
2. Verificou-se que o C.S.T. aumenta com o aumento da concentração de sal.

Via voz

1. O que é o C.S.T.?
2. O que é o C.S.T. superior e inferior?
3. Qual é o efeito da adição de sal no C.S.T.?
4. O que se entende por sistema binário?
5. Indique um sistema que tenha o C.S.T. superior
6. Indique um sistema com um C.S.T. inferior.
7. Indique um sistema que tenha uma C.S.T. inferior e uma C.S.T. superior.

CAPÍTULO 2

Experiência n.º 2

Objetivo: Estudar o efeito do soluto NaCl na temperatura crítica de solução do sistema fenol-água.

Aparelhos: ebulidor, tubo de ensaio, copo, termómetro, etc.

Produtos químicos: Fenol, cloreto de sódio, água destilada

Princípio: O fenol e a água são líquidos parcialmente miscíveis. A miscibilidade depende da temperatura e da composição do sistema. Quando os dois líquidos são agitados em conjunto, a camada de água fica saturada com fenol e o fenol fica saturado com água. Assim, forma-se uma solução turva. Com o aumento da temperatura, a solubilidade mútua aumenta. A uma determinada temperatura, tornam-se miscíveis entre si e a solução torna-se límpida. A temperatura de desaparecimento da turvação varia com a alteração da composição. A temperatura mínima acima da qual os dois líquidos são completamente miscíveis em todas as proporções é designada por temperatura crítica da solução. (C.S.T.)

Para a determinação da C.S.T., a temperatura de desaparecimento da turvação é traçada em função da composição. Os máximos da curva correspondem à C.S.T.

Quando um sal como o NaCl é adicionado ao sistema, o valor de c.S.T. aumenta com o aumento da concentração de Nacl.

Determinação do C.S.T. do sistema fenol-água

Colocar 4 g (4 ml) de fenol num tubo de ensaio em ebulição e adicionar 1 ml de água destilada. Mergulhar um agitador e um termómetro.

Colocar o tubo em repouso e agitar vigorosamente para que apareça a turvação. Mergulhar a parte inferior do tubo de ensaio num banho de água e aquecer suavemente com agitação constante Registar a temperatura a que a turvação desaparece (T_1).

Deixar arrefecer lentamente a mistura, com agitação constante Registar a temperatura a que a turvação volta a aparecer (T_2). A diferença entre T1 e T2 não deve ser superior a 3 a 4 °C. Adicionar novamente 1 ml de água destilada e repetir o procedimento de aquecimento e arrefecimento.

Tomar a média de cada uma das duas temperaturas T_1 e T_2, que é a temperatura de miscibilidade das duas soluções.

Preparar soluções de NaCl a 2%, 1,5%, 1% e 0,5% dissolvendo uma quantidade adequada de sal em água destilada. Repetir o procedimento de determinação do C.S.T. com soluções de NaCl a 1,5%, 1% e 0,5%.

Sr. Não.	Peso da água	Volume de água destilada	% de fenol	Tempera tura de desaparecimento da turvação (T1)	Temperatura de aparecimento da turvação (T2)	Sistema de miscibilidade p. (T1+T2)/2
1	4g	1 ml	4/5x100=80			
2	4g	2ml	66.6			
3	4g	3 ml	57			
4	4g	4ml	50			
5	4g	5ml	44.4			
6	4g	6ml	40			
7	4g	7m	36. 4			
8	4g	8ml	33.3			
9	4g	9ml	30.7			
10	4g	10ml	28.7			

Sr.No.	Concentração de NaCl	C.S.T.
1.	2%	
2.	1.5%	
3.	1.0%	
4	0.5%	

Cálculos:

Traçar um gráfico da percentagem de fenol e da temperatura de miscibilidade. Os máximos do gráfico indicam a temperatura crítica da solução. Traçar um gráfico da concentração de NaCl e da temperatura crítica da solução.

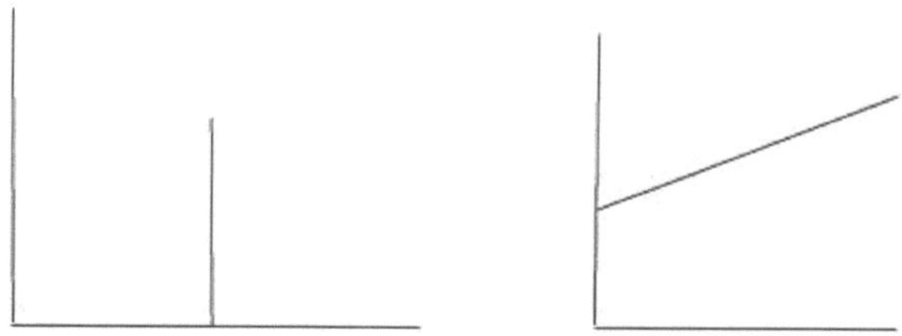

Resultados:

1. A temperatura crítica da solução para o sistema fenol-água foi de °C.
2. Verificou-se que o C.S.T. aumenta com o aumento da concentração de sal.

Via voz

1. O que é o C.S.T.?
2. O que é o C.S.T. superior e inferior?
3. Qual é o efeito da adição de sal no C.S.T
4. O que se entende por sistema binário?

CAPÍTULO 3

Experiência n.º 3

Objetivo: Determinar a constante de velocidade da hidrólise do acetato de metilo catalisada por 0,5NHCl.

Aparelhos: Banho-maria, frasco cónico, bureta, pipeta, cronómetro, etc.

Produtos químicos: HCL 0,5N, NaOH 0,2N, acetato de metilo, água destilada, indicador de fenol-pthalin

Princípio: Existem vários métodos para determinar a ordem da reação e, consequentemente, para calcular a constante de velocidade da reação, pelo que a expressão da taxa integral é utilizada para calcular a constante de velocidade e para conhecer a ordem da reação neste método, um volume conhecido da mistura reacional é titulado contra um álcali padrão em diferentes intervalos de tempo, se V0, vt e V™ *forem* a leitura da titulação no início (em qualquer momento t) do início da reação e no final da reação, respetivamente. Em seguida, estes valores são colocados na equação acima

$a = v\infty - v_0$ and $a\text{-}x = v\infty - V_t$

Se estes valores forem colocados na equação acima, a constante k prova que a reação é de primeira ordem e se o gráfico de log (a-x) traçado em relação a "t" for uma linha reta que passa pela origem t também confirma que a reação é de 1st ordem.

O acetato de metilo sofre uma hidrólise catalisada na presença de um ácido.

$$CH_3COOCH_3 + H_2O \xrightarrow{H+} CH_3COOH + CH_3OH$$

Uma vez que a água está em excesso, a velocidade da reação é independente da concentração de água, pelo que, como existem dois reagentes, a velocidade da reação é afetada apenas pela concentração de acetato de metilo.

Assim, a reação segue uma cinética de ordem 1st e é um exemplo de reação pseudo-unimolecular.

$$R=K[CH_3COOCH_3]$$

Uma vez que a hidrólise produz ácido acético, a velocidade da reação pode ser estudada titulando o ácido formado com uma solução padrão de um alcalino, por exemplo NaOH . A reação pode ser interrompida em qualquer momento, baixando a temperatura da zona de reação, utilizando o gelo. A constante de velocidade, K, é calculada através da equação de velocidade integrada de primeira ordem.

$$K=\frac{2.303}{t}\log\frac{V\infty-V0}{V_\infty-V_t}$$

K=Leitura de titulação no início

V0=leitura de titulação após o tempo't'

voo = leitura da titulação após tempo infinito

Procedimento:

(1) Colocar 5 ml de acetato de metilo num erlenmeyer e adicionar 50 ml de solução de HCl 0,5N e agitar

(2) Iniciar o cronómetro e pipetar imediatamente 5 ml da mistura reacional num erlenmeyer e mantê-lo em água gelada para parar a reação.

(3) Titular esta mistura reacional com uma solução de NaOH 0,2N, utilizando fenol pthalene como indicador, obtendo-se assim o valor de vo.

(4) Da mesma forma, retirar 5 ml da mistura de reação após 5, 10, 15, 20, 25 minutos de intervalo, mantê-la em água gelada e titular com solução de NaOH, o que dá o valor de V5, V10, V15, V20.

(5) Por fim, aquecer a mistura reacional restante a cerca de 60°C durante 30 minutos para completar a reação e titulá-la com solução de NaOH, obtendo-se assim o valor de VOT\=

Tabela de observação:

Sr. Não	Tempo(min) (t)	Volume alcalino(vt)	a=V ∞ - V0	(a-x) V∞- Vt	Log(a-x)	$K=\frac{2.303}{t}\log\frac{a}{a-x}$
1	0					
2	5					
3	10					
4	15					
5	20					
6	25					
7	V∞					

Cálculos: $V\infty - V0 = a$

$V\infty - Vt = a - x$

$K = \frac{2.303}{t} \log \frac{a}{a-x}$

Resultado: Se o valor de K for constante, então a hidrólise do acetato de metilo é uma reação de ordem 1st .

CAPÍTULO 4

Experiência n.º 4

Objetivo: Determinar a velocidade específica da reação de hidrólise do acetato de etilo catalisada por uma base à temperatura ambiente. (saponificação)

Aparelhos: Balão cónico, copo, bureta, pipeta, cronómetro, cilindro de medição, suporte de bureta, etc.

Produtos químicos: acetato de etilo 0,05N (0,5 ml de acetato de etilo + 4 ml de etanol) e completar o volume a 100 ml com água destilada, HCl 0,01N, NaoH 0,005N e fenol pthalein.

Fórmula:

$$K=\frac{1}{t}.\frac{x}{a(a-x)}$$

Onde,

K= Constante de velocidade

a-x= conc' do reactante no tempo t

x=conc' Do produto no momento t

Princípio:

O estudo da cinética é muito útil para determinar os factores que influenciam a velocidade das reacções, bem como para compreender o mecanismo de não' das reacções".

A ordem das reacções é definida como o número de moléculas que conc' Determinar a velocidade da reação química a uma dada temperatura' Existem vários métodos para determinar a ordem da reação e para calcular a constante de velocidade' Neste caso, é utilizado o método da expressão da velocidade integral' Na presença de acetato de etilo alcalino, este sofre hidrólise' Esta reação é designada por saponificação, uma vez que o sal de sódio do ácido gordo produzido é designado por saop'

$$CH_3\text{-}COOC_2H_5 + NaOH \rightarrow CH_3\text{-}COONa + C_2H_5$$

Observa-se que a velocidade da reação acima descrita depende da concentração de acetato de etilo e de alcalino, pelo que se trata de uma reação de segunda ordem

Taxa $\propto [CH_3\text{-}COOC_2H_5]\,[OH]$

A concentração de ambos os reagentes é igual à taxa de Se const é dada por

Procedimento:

Num copo de 250 ml, tomar 50 ml de solução de acetato de etilo 0,005N. Noutro copo, 50 ml de solução de NaoH 0,005N.

Encher a bureta com soluções de NaOH a 0,5.

Num erlenmeyer, tomar 10 ml de solução de HCL 0,1N e adicionar 2 gotas de fenolftaleína.

Adicionar 50 ml de NaOH em solução de acetato de etilo, agitar bem e ligar o cronómetro imediatamente após 5 minutos, retirar 10 ml da mistura e transferi-los para um erlenmeyer contendo 10 ml de HCL e titulá-los com NaOH 0,05 N.

Repetir o procedimento com 5 ml, 10 ml, 15 ml, 20 ml, 25 ml e 30 ml

Para uma leitura em tempo real, adicionar 10 ml de HCL a 5 ml de NaOH 0,05N e titular com solução de NaOH 0,5N utilizando o indicador fenolftaleína. Esta é a leitura inicial (vo)

Para uma leitura em tempo infinito, colocar cerca de 55 ml da mistura reacional num erlenmeyer, tapar e aquecer num banho de água a 60-70°C durante 30 minutos.

Arrefecer e transferir 10 ml desta mistura para um erlenmeyer contendo 10 ml de HCl e titular com NaOH como anteriormente. Esta é a leitura em tempo infinito (VOT)

Registar a temperatura ambiente

Sr. Não	Tempo	Ponto final (ml)	$a = V\infty - V_0$	$X = V\infty - V_t$	a-x	$\frac{1}{a-x}$	K
1	5						
2	10						
3	15						
4	20						
5	25						
6	30						
7	Vo						

8	V^							

Traçar um gráfico do tempo (eixo x) e $\frac{1}{a-x}$(y eixo) que seja uma linha reta com declive +ve. Calcular o valor da média (k) a partir dos seis valores de k obtidos na tabela de observação.

Resultado:

Verificou-se que a constante de velocidade da hidrólise do acetato de etilo catalisada por uma base ou H+ é

Como o gráfico de $\frac{1}{a-x}$ vs tempo é uma linha reta e a reação é de 2nd ordem.

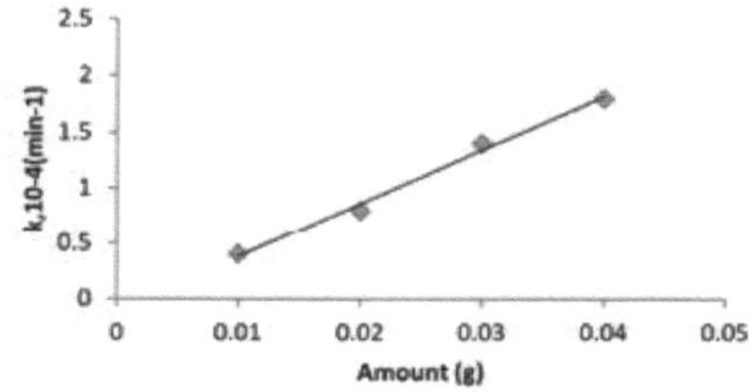

Natureza do gráfico

Via-voz

1. O que é a hidrólise? escrever a reação de hidrólise do acetato de etilo
2. O que se entende por velocidade de reação?
3. O que é a molecularidade da reação?
4. Qual é a ordem da reação?
5. Qual é a ordem da reação?
6. Escreva uma expressão da constante de velocidade para a reação de primeira ordem
7. Qual é a unidade da constante de velocidade para a reação de primeira ordem?
8. O que é um catalisador?
9. Qual é a unidade da constante de velocidade da reação de segunda ordem?
10. Escrever a reação de hidrólise do acetato de etilo por uma base.
11. Escreva a expressão da constante de velocidade da reação de segunda ordem quando a concentração de ambos os reagentes é a mesma.

CAPÍTULO 5

Experiência n.º 5

Objetivo: Construir o diagrama de fases de um sistema ternário (sistema ternário ácido acético-clorofórmio).

Aparelhos: Frasco cónico, bureta, etc.

Produtos químicos: Ácido acético, clorofórmio, água destilada, etc.

Princípio: De acordo com a regra das fases, o número de graus de liberdade é dado

$F = C-P+2$

Onde, F = número de graus de liberdade

C= número de componentes

P= número de fases

Para um sistema monofásico de três componentes, $C = 3$ e $P = 1$. Assim, os graus de liberdade passam a ser $F = 4$. Estes parâmetros são a pressão, a temperatura e a concentração de dois componentes. Para simplificar a complexidade, dois parâmetros, temperatura e pressão, são mantidos constantes. Este sistema é designado por sistema condensado. O sistema é representado num gráfico triangular em que cada lado é calibrado na concentração de um componente.

Procedimento:

Num erlenmeyer, colocar uma mistura de 1,7 ml de clorofórmio e 4,4 ml de ácido acético.

Encher a bureta com água destilada.

Adicionar água destilada à mistura de clorofórmio e ácido acético, agitando vigorosamente.

Registar o volume de água quando a solução se torna turva.

Lavar o erlenmeyer e tomar uma mistura de 5 ml de clorofórmio e 3,9 ml de ácido acético, repetindo a adição de água até ao aparecimento de turvação.

Tomar diferentes misturas como indicado no quadro de observação e registar o volume de água necessário para o aparecimento de turvação.

Calcular a percentagem de cada componente na mistura.

Observações:

Sr. Não.	Quantidade de $CHCl_3$		Quantidade de ácido acético		Quantidade de água		Total Wt. W= w1+w +2 w3	%de CHCl 3 $\frac{100w1}{W}$	%de CH3COOH $\frac{100w1}{w}$	%de Água $\frac{100w3}{W}$
	Vol (ml)	Peso. w1(g)	Vol (ml)	Peso. W2 g()	Vol (ml)	Wt W3(g)				
1	1.7	2.5	21.4	22.5						
2	5.0	7.5	16.6	17.5						
3	8.3	12.5	11.9	12.5						
4	11.7	17.5	7.1	7.5						
5	15	22.5	2.4	2.5						

Cálculos:

Os volumes de vários líquidos podem ser convertidos em pesos correspondentes, multiplicando-os pela densidade.

Densidade do clorofórmio = 1,49g/ml

Densidade do ácido acético =1,05g/ml

Densidade da água = 1g/ml

Trace um gráfico triangular da percentagem de três componentes, como mostra a figura. Trata-se de uma curva bimodal.

Resultados: O diagrama de fases foi traçado para o sistema água-ácido acético-clorofórmio. Trata-se de uma curva bimodal.

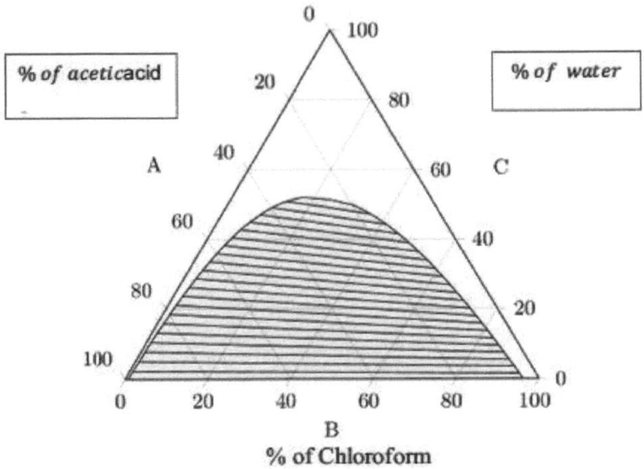

Via -Voce

1. O que se entende por sistema ternário?
2. O que se entende por fase?
3. O que se entende por componente?
4. O que é que se entende por graus de liberdade?
5. O que é a regra das fases?

CAPÍTULO 6

Experiência n.º 6

Objetivo: Determinar a massa molecular de um soluto não volátil pelo método de Rast.

Aparelhos: Tubo de Thiele, termómetro (graduações de 0,1°C), vidro de relógio, etc.

Produtos químicos: Cânfora, éter de petróleo, determinado soluto, etc.

Princípio: Quando um soluto é dissolvido num solvente, o ponto de fusão (ou ponto de congelação) do solvente diminui. A diminuição total é designada por depressão do ponto de congelação (ponto de fusão). Está relacionada com o peso molecular do soluto da seguinte forma:

$$M = \frac{1000K\,w}{\Delta T W}$$

Onde, M= Peso molecular do soluto

(Para a cânfora, o seu valor é 40, enquanto que para o naftaleno é 6,9)

W= Peso do soluto tomado

ΔT= Depressão do ponto de congelação

Procedimento:

1. Pesar um vidro de relógio vazio e limpo.
2. Coloque uma pequena quantidade de um determinado composto (soluto) e pese-o. O peso deste composto deve ser 0,1g.
3. Pesar um frasco de pesagem vazio e retirar cerca de 1g de cânfora, transferi-la para o vidro de relógio e pesar novamente o frasco. A diferença indica o peso da cânfora transferida.
4. Adicionar éter de petróleo (ou benzeno), gota a gota, ao vidro de relógio até à dissolução completa da substância. Adicionar um ligeiro excesso de éter de petróleo (ou benzeno) e agitar a solução com uma vareta de vidro.
5. Deixar evaporar completamente o éter (ou benzeno). Obtém-se assim a solução do composto em causa em solvente de cânfora

(Atenção: o benzeno é altamente inflamável. Por isso, mantenha-o afastado da mesa de trabalho e do queimador}.

6. Secar esta solução sólida em papel de filtro e determinar o ponto de fusão utilizando o tubo de Thiele.

7. Determinar também o ponto de fusão da cânfora pura.

Observações e cálculos:

Peso do vidro de relógio vazio=w1=g

Peso do vidro de relógio com soluto =w2=g

Peso do soluto =w=(w2-w3)= g

Peso do frasco de pesagem com cânfora =w3= g

Peso do frasco de pesagem após transferência da cânfora =w4= g

Peso da cânfora (solvente) = W =(w4-w3)

Ponto de fusão da solução =t2 =

Depressão do ponto de fusão $= \Delta T = (t2\text{-}t1) =$ °C

K=40

$$M = \frac{1000K\,w}{\Delta T W} =$$

Resultado: O peso molecular do composto orgânico em causa, determinado pelo método de Rast, é de

VIA- VOCE

1. O que se entende por ponto de fusão?
2. Qual é o efeito da adição de um soluto não volátil no ponto de fusão?
3. O que é a depressão molal?
4. É possível utilizar outro solvente em vez de cânfora?

CAPÍTULO 7

ANÁLISE QUALITATIVA INORGÂNICA

Introdução geral: - o principal objetivo da análise qualitativa é a deteção ou identificação de elementos individuais ou iões que entram na composição química das substâncias. A análise qualitativa pode ser definida como "O ramo da química analítica que se ocupa da identificação do número de constituintes presentes numa dada amostra desconhecida é designado por análise qualitativa".

Para a análise qualitativa, podem ser utilizados vários métodos, químicos, físicos e físico-químicos. Nesta fase, estamos interessados nos métodos químicos. Na análise qualitativa por métodos químicos, o elemento ou ião a ser detectado é convertido num novo composto com algumas propriedades caraterísticas, com base nas quais se pode identificar o composto

A análise qualitativa pode ser realizada por vários métodos, dependendo da quantidade de substâncias utilizadas para as reacções analíticas. Trata-se de métodos macro, micro, semi-micro e ultra-micro

Quadro 3:1 Diferentes métodos de análise qualitativa

Dimensão da amostra	Método utilizado	Volume aproximado da	Volume aproximado de
0,1 a 5,0 g.	Macro	10 ml	1,0 a 5,0 ml
10 a 100 mg.	Semi-Micro	1,0 ml	1 a 5 gotas
1,0 a 10 mg.	Micro	0,1 ml	1 gota

Quando a substância tem menos de 1 mg, a sua análise é efectuada ao microscópio e é conhecida como análise ultra-micro

Princípios teóricos: - A análise qualitativa é uma técnica analítica que se preocupa com a identificação da parte ácida (ião -ve) e básica (ião +ve) do material inorgânico sob a forma de um único sal ou como uma mistura de dois ou mais sais simples. Quando um sal simples ou uma mistura de dois ou mais sais simples se dissolve em água, divide-se em dois tipos de partículas carregadas, uma com carga positiva, designada por ião positivo ou catião ou radical básico, e a outra com carga negativa, designada por ião negativo ou anião ou radical ácido. O fenómeno de quebra

dos sais em iões em solução é designada por dissociação. Por exemplo, no cloreto de prata, o ião prata é um radical básico e o ião cloreto é um radical ácido

$$AgCl \rightleftharpoons Ag^{+} + Cl^{-}$$

Salt cation anion

Sal catião anião

O objetivo da análise qualitativa elementar é identificar o número de iões positivos e negativos presentes num determinado sal inorgânico ou numa mistura, para o que se realizam várias experiências (designadas por ensaio). Ao efetuar os ensaios, devemos preocupar-nos com o estudo da formação ou desaparecimento de 1) Cor 2) Odor 3) Gás 4) Precipitado 5) Formação de iões complexos, etc.

A solução específica utilizada para realizar um ensaio específico é designada por reagente e a alteração química observada no ensaio é conhecida por reação analítica ou química Produto de solubilidade

Sal pouco **solúvel: -O** sal ou eletrólito adicionado à água tem uma solubilidade insignificante na água à temperatura ambiente, pelo que é designado por sal pouco solúvel. Exemplos - PbSO4, BaSO4AgCl, CuS, FePO4, etc.

Quando se adiciona uma pequena quantidade deste sal à água e se agita bem, uma quantidade menor da sua parte dissolve-se na água e ioniza-se, dando origem a uma solução saturada do sal. Uma parte dissolve-se mas permanece ionizada enquanto uma grande quantidade da sua parte permanece não dissolvida. Existem dois equilíbrios quando um sal pouco solúvel, por exemplo AB, está em contacto com a sua solução saturada.

$$\underset{\text{(Undissolved solid)}}{AB} \overset{I}{\rightleftharpoons} \underset{\text{(Dissolved but unionized)}}{AB} \overset{II}{\rightleftharpoons} \underset{\text{(Ions in saturated solution)}}{A^{+} + B^{-}}$$

Aplicando a lei da ação das massas ao equilíbrio II, obtemos

$[A^{+}]\ [B^{-}]\ /\ [AB]=K$ -------------------(I)

A parte não dissolvida e unificada AB está em contacto com a parte ionizada. A concentração da molécula ionizada deve permanecer constante. Assim, [AB] é constante, digamos K', pelo que a equação (I) passa a ser

$[A^+][B^-] = K[AB]$

$[A^+][B^-] = KK' = KSP$ ------------------(II)

Onde KSP é outra constante conhecida como produto de solubilidade. Pode ser definida como "Numa solução saturada de um sal pouco solúvel ou de um eletrólito, o produto da concentração iónica é constante a uma dada temperatura constante"

A concentração de uma substância na sua solução saturada é conhecida como a sua solubilidade a uma dada temperatura, expressa em unidades molares por litro, ou seja, mol dm^{-3}

Exemplo - A solubilidade de um sal solúvel em aspirina AgCl é de1^10^{-5} mol dm^{-3} a

298K . Assim, o seu produto de solubilidade será

$$\underset{X\ mole}{AgCl\,(s)} \rightleftharpoons \underset{X\ mole}{Ag^+_{(aq)}} + \underset{X\ mole}{Cl^-\ aq}$$

$$\text{Now } AgCl\,(\text{Solid}) \rightleftharpoons AgCl\,(\text{Dissolved but un ionised}) \rightleftharpoons Ag^+_{(aq)} + Cl^-_{(aq)}\ (\text{ionized})$$

$$K_{sp} = [Ag^+] + [Cl^-] = (1\times10^{-5})\,(1\times10^{-5})$$

$$= 1\times10^{-10}$$

Significado ou importância do produto de solubilidade: -Os valores do produto de solubilidade explicam o estado saturado, supersaturado e insaturado da solução

1) Quando o produto iónico é inferior ao produto de solubilidade, ou seja, $[A^+]$ $[B^-]$ KSP, então a solução produzida é uma solução insaturada

2) Quando o produto iónico é maior do que o produto de solubilidade, ou seja, $[A^+]$ $[B^-]$ KSP, então a solução produzida é uma solução supersaturada, nesta fase da solução ocorre a precipitação

3) Quando o produto iónico é igual ao produto de solubilidade, ou seja, $[A^+]$ $[B^-]$ = KSP, então a solução produzida é uma solução saturada

IÃO COMUM EFEITO: -

O fenómeno em que o grau de dissociação ou ionização de um eletrólito é suprimido pela adição de um outro eletrólito forte contendo um ião comum é designado por efeito de ião comum Considere um eletrólito fraco AB cuja reação de ionização de equilíbrio é escrita como aplicando a lei da ação das massas, obtemos a equação da lei das massas para a constante de ionização k.

$$AB \rightleftharpoons A^{+}(aq) + B^{-}(aq)$$

$$K = [A^{+}]\,[B^{-}]/[AB]$$

Agora, se outro eletrólito forte contendo um ião comum A^+ ou B^- for adicionado à solução de AB, aumentará a concentração do ião comum A^+ ou B^- em solução, pelo que o equilíbrio da reação será empurrado para o lado esquerdo, pelo que a ionização adicional do eletrólito AB será suprimida, pelo que os iões A^+ ou B^- limitados são produzidos em solução, o que é suficiente para a precipitação de um determinado grupo catiónico

Assim, o grau de ionização de um eletrólito é suprimido pela adição de um eletrólito forte contendo um ião comum, o que é conhecido como efeito do ião comum.

Exemplo:-Na precipitação do grupo IInd a adição radicalar de HCl suprimirá a ionização do H_2S devido a um efeito de ião comum

$$+H^{+} \longleftarrow \text{(Comman ion from HCl)}$$

$$H_2S \rightleftharpoons H^{+} + HS^{-}$$

Aplicação do produto de solubilidade e do efeito de ião comum na separação de catiões em grupos: -O procedimento comum é estabelecido para a análise de 24 catiões. De acordo com a sua tendência para a formação de precipitados com um determinado reagente de grupo, estes são divididos em seis (6) grupos

Deve notar-se que quando o produto iónico é superior ao produto de solubilidade, ou seja, $[A^+\ ]\ [B^-\ ]\ K_{SP}$, então a solução produzida é uma solução supersaturada, nesta fase da solução ocorre a precipitação

Tabela 3:2 Separação dos catiões em dois grupos

Número do grupo	Catiões	Reagentes de grupo	Reação de precipitação (um exemplo)
I	Ag +, Hg2+, Pb2+	Dilute HCl	Ag $^{+}$+HCl→ AgCl ↓+H^{+}
II	IIA-Cu2+,Cd2+Hg2+,,Pb2+, Bi3+. IIB-Sn2+,Sn4+,Sb3+ SB5+ As3+,As5+.	Dilute HCl +H2S gas	HClCu2++H2S- →CuS↓+2H+
IIIA	Fe3+,Al3+ Cr3+.	NH4Cl&NH4OH	NH4Cl Fe3+ +3NH4OH-→ Fe(OH)3↓+3NH4+
IIIB	Co2+,Ni2+, Mn2+, Zn2+.	NH4Cl+NH4OH& H2S gas	NH4Cl+NH4OH Zn2++H2S →ZnS↓+2H+
IV	Ca2+,Ba2+, Sr2+.	NH4Cl+NH4O H& (NH4)2CO3	Ca2++(NH4)2CO3--- NH4Cl+NH4OH - ----------→ CaCO ↓+.2NH +
V	Mg2+	NH_4Cl+NH_4O H& Na_2HPO_4	NH4Cl+NH4OH Mg^{2+}+Na2HPO4 → $MgHPO_4$↓+2Na^{+}
VI	Na+,NH4+,K+	No particular reagent	---------

Grupo I: - Catiões: - Ag^{+} ,Hg^{2+} , Pb^{2+}

Reagentes de grupo: - HCl diluído Reação de precipitação: -1)

Ag^{+}+HCl → AgCl + H^{+} , 2)Hg^{++}+2HCl→$HgCl_2$ +2H^{+}

Os precipitados de AgCl, HgCl2, PbCl2 dos catiões do grupo Ist têm o valor mais baixo do produto de solubilidade (KSP), enquanto os halogenetos dos outros catiões do grupo têm valores mais elevados de KSP, pelo que os halogenetos do grupo Ist precipitam enquanto os halogenetos dos outros catiões do grupo permanecem em solução.

Grupo II: Catiões: -

Grupo IIA:-Cu^{2+} ,Cd Hg^{2+2+} ,,Pb^{2+} ,Bi .$^{3+}$

Grupo IIB:-Sn^{2+} ,Sn^{4+} ,Sb^{3+} SB^{5+} As^{3+} ,As .$^{5+}$

Reagentes de grupo: - HCl diluído e gás H2S

Reação de precipitação: -HCl

1) $Cu^{2+} + H_2S \xrightarrow{HCl} CuS + 2H^+$

2) $Sn^{2+} + H_2S \rightarrow SnS + 2H^+$

Os precipitados de sulfureto dos catiões do grupo IInd têm um valor de produto de solubilidade (KSP) mais baixo, enquanto os sulfuretos dos catiões de outros grupos têm valores de KSP mais elevados, pelo que os sulfuretos do grupo IInd precipitam enquanto os sulfuretos dos catiões de outros grupos permanecem em solução.

Como os precipitados de sulfureto dos catiões do grupo IInd têm valores baixos de produto de solubilidade (KSP), a quantidade de iões sulfureto (S^{--}) necessária para a precipitação destes catiões é muito reduzida.

Assim, a ionização do H2S é efectuada na presença de HCl diluído, o que dá origem a um ião comum H^+ em solução. Devido ao efeito de ião comum do ião H^+ do HCl, a ionização do H2S é suprimida, pelo que serão produzidos iões S^{--} limitados, o que será suficiente para a precipitação completa do IInd

$+H^+ \longleftarrow$ (Comman ion from HCl)

$H_2S \rightleftharpoons H^+ + HS^-$

catiões do grupo.

GrupoIIIA :- Catiões:- Fe^{3+} ,Al^{3+} Cr^{3+} . Grupo reagentes: -NH4Cl&NH4OHPrecipitação reacções: -

1) $Fe3^+ + 3NH_4OH \xrightarrow{NH_4Cl} Fe(OH)_3 + 3NH_4^+$

2) $Al3^+ + 3NH_4OH \xrightarrow{NH_4Cl} Al\ (OH)_3 + 3NH_4^+$

Os precipitados de hidróxidos de catiões do grupo IIIrd A têm um valor de produto de solubilidade (KSP) mais baixo, enquanto os hidróxidos de catiões de outros grupos têm valores de KSP mais elevados, pelo que os hidróxidos do grupo IIIrd precipitam enquanto os hidróxidos de catiões de outros grupos permanecem em solução.

Como os precipitados de hidróxido de IIIrd catiões do grupo A têm valores baixos de produto de solubilidade (KSP), a quantidade de iões hidróxido necessária para a precipitação destes catiões é muito reduzida. Assim, a ionização do $NH4OH$ é efectuada na presença de $NH4Cl$, o que dá origem ao ião comum $NH4^+$ em solução. Devido ao efeito de ião comum do ião $NH4^+$ do $NH4Cl$, a ionização do $NH4OH$ é suprimida, produzindo-se um número limitado de iões OH^- que será suficiente para a precipitação completa dos catiões do grupo IIIrd A.

$NH4^+$ (ião comum do$NH4Cl$ suprime a ionização do (NH4OH)

$$(NH_4OH)\ NH_4OH \rightleftharpoons NH_4^+ + OH^-$$

Grupo IIIB: -Cátions: - Co^{2+} ,Ni^{2+} , Mn^{2+} , Zn .$^{2+}$

Reagentes do grupo: -$NH4Cl$ + $NH4OH$ e gás $H2S$

Reacções de precipitaçãoNH4Cl+NH4OH

1) $Zn^{2+} + H_2S \xrightarrow[NH4Cl+NH4OH]{} ZnS + 2H^+$

2) $Zn2^+ + H_2S \longrightarrow ZnS + 2H^+$

Os catiões do grupo IIIrd B precipitam-se como sulfureto em meio alcalino. Os valores Ksp dos sulfuretos dos catiões do grupo IIIrd B são relativamente elevados, pelo que a quantidade de iões sulfureto necessária para a precipitação dos catiões é muito elevada.

Se a precipitação do grupo IIIrd B for efectuada com $H2S$ na presença de $NH4Cl$ e $NH4OH$, o ião OH^- do $NH4OH$ combina-se com o ião H^+ do $H2S$ e dá origem a uma molécula de água não associada como

$$NH_4OH \rightleftharpoons NH_4^+ + OH^- \quad , \quad H_2S \rightleftharpoons 2H^+ + S^{--},$$

$$H^+ + OH^- \rightarrow HOH\ (\text{unionized})$$

À medida que os iões H^+ são removidos do $H2S$, ocorre a ionização livre do $H2S$, produzindo-se na solução um excesso de iões H^+ que são suficientes para a precipitação completa dos catiões do grupo IIIdB

Na solução acima, a adição de $NH4Cl$ suprime a ionização de $NH4OH$ por efeito de ião comum, devido ao qual não se produzem iões OH- em excesso, evitando assim a precipitação de hidróxidos de outros catiões do grupo

Grupo IV: - Catiões: -Ca^{2+} ,Ba^{2+} , Sr^{2+}.

Reagentes de grupo: -$NH4OH$+$NH4Cl$ e

$(NH)_{42}$ CO_3 Reacções de precipitação: -

NH4Cl+NH4OH

1) Ca^{2+}+(NH4)2CO3 ⟶ Ca CO3 + 2NH4$^+$

NH4Cl+NH4OH

2) Ba^{2+}+(NH4)2CO3 ⟶ Ba CO3 +2NH4$^+$

Os valores KSP do precipitado carbonatado de catiões do grupo IVth são baixos. Assim, para a precipitação[3] de catiões do grupo IVth são necessários iões CO^{2-} limitados. Se a precipitação dos catiões do grupo IVth for efectuada na presença de NH4OH e NH4Cl, os iões comuns NH4$^+$ do NH4OH suprimem a ionização do (NH4)2CO3, produzindo iões CO_3^{2-} limitados, suficientes para a precipitação dos catiões do grupo IVth . O NH4Cl adicionado suprime a ionização do NH4OH por efeito de ião comum, a menos que ocorra a precipitação de hidróxido do catião do grupo Vth (Mg^{++}) juntamente com o precipitado de carbonato do grupo IV.

Grupo V: -Catião: -Mg^{2+}

Reagentes do grupo :- NH4Cl + NH4OH e

Na HPO_{24} Reação de precipitação:

NH4Cl+NH4OH

$$Mg^{2+} + Na_2HPO_4 \longrightarrow MgHPO_4 + 2Na^+$$

O Mg^{2+} dá origem a um precipitado branco de MgHPO4 com Na2HPO4 na presença de NH4Cl e NH4OH. Neste caso, a utilização de NH4Cl evita a precipitação do hidróxido de Mg^{2+} . Enquanto o tampão (NH4Cl + NH4OH) fornece

pH ótimo (pH=10) para a precipitação eficaz de Mg^{2+} como MgHPO4

Grupo VI: -Cátions: -Na^+ ,NH_4^+ ,K^+

Reagentes do grupo: -Não existe um reagente específico para este grupo. Estes catiões dão os seus sais solúveis em água com os reagentes. Os catiões deste grupo são detectados e confirmados pelos seus testes caraterísticos individuais.

Formação de complexos: -

O produto de adição ou um composto complexo no qual o número de ligandos (igual ao número de coordenação do ião metálico central) se liga ao ião metálico central através de uma forte ligação coordenada e produz um composto denominado produto de adição ou um composto complexo. Se tiver alguma carga, então é conhecido como ião complexo. Desempenha um papel importante na deteção, separação e confirmação da maioria dos radicais ácidos e básicos na análise semi-micro-qualitativa inorgânica.

A formação de iões complexos em solução provoca uma alteração súbita da cor, uma alteração súbita da solubilidade e uma alteração dramática das propriedades químicas.

Aplicações da formação de complexos: -Existem várias aplicações da formação de complexos na análise qualitativa, algumas das quais são

1) Separação do grupo IInd em IIA e IIB
2) Separação de Cu^{2+} de Cd^{2+} como um complexo ciano
3) Separação de Co^{2+} deNi^{2+}
4) Separação de Cl^- de Br^- e I
5) Deteção de NO_2^- e NO_3^- Teste do anel castanho)

1) SEPARAÇÃO DO GRUPO IIND EM IIA E IIB: -

Os catiões do grupo IIA ou do grupo do cobre são Cu^{++} ,Cd Hg^{++++} ,,Pb^{++} ,Bi^{+3} . Enquanto os catiões do grupo IIB ou grupo do estanho são Sn^{+2} ,Sn^{+4} ,Sb^{+3} SB^{+5} As^{+3} ,As^{+5} .A mistura que contém catiões dos grupos IIA e IIB catiões dissolvidos numa solução de ácido mineral adequada ou em água destilada e a sua solução pode ser preparada

Solução aquosa de catiões dos grupos IIA e IIB tratada com HCl diluído e excesso de gás H_2S. Produz-se um precipitado sulfídrico de catiões dos grupos IIA e IIB.

$$Cu^{2+}+H_2S\xrightarrow{HCl}CuS\downarrow+2H^+, \quad Sn^{2+}+H_2S\xrightarrow{HCl}SnS\downarrow+2H^+$$

O precipitado de sulfureto dos catiões dos grupos IIA e IIB tratados com sulfureto de amónio amarelo ($(NH_4)_2S_x$) após uma ligeira desidratação, o precipitado do grupo IIB dissolve-se em ($(NH_4)_2S_x$), enquanto o precipitado do grupo IIA permanece inalterado, pelo que ambos podem ser separados um do outro por filtração

O precipitado de catiões do grupo IIB dissolve-se em ($(NH_4)_2S_x$) e dá origem a uma solução límpida de catiões através das seguintes reacções

1 $Sb_2S_3+3(NH_4)_2S\rightarrow2(NH_4)_3[SbS_3]$

(Tio antimonite de amónio)

2 $As_2S_3+3(NH_4)_2S \rightarrow 2(NH_4)_3[AsS_3]$

(Tioarsinite de amónio)

3 $Sb_2S_5+3(NH_4)_2S \rightarrow 2(NH_4)_3[SbS_4]$

(Tioantimonato de amónio)

4 $As_2S_5+3(NH_4)_2S \rightarrow 2(NH_4)_3[AsS_4]$

(Tioarsinato de amónio)

5 $SnS+(NH_4)_2S_2 \rightarrow (NH_4)_2[SnS_3]$

(Tiostanato de amónio)

6 $SnS_2+(NH_4)_2S \rightarrow (NH_4)_2[SnS_3]$

Todos estes sais de tioantimonite, tioarsinite, tioantimonato, tioarsenato e tioestanato são sais solúveis em água que dão uma solução límpida dos respectivos catiões utilizados para os seus ensaios de confirmação

1) SEPARAÇÃO DE Cu^{2+} DE Cd^{2+} : -

Uma solução aquosa contendo os catiões Cu^{2+} e Cd^{2+} é tratada com HCl diluído e excesso de gás H_2S. Um precipitado de sulfureto de CuS e CdS produz-se como

$$Cu^{2+}+H_2S \xrightarrow{HCl} CuS+2H^+, \qquad CdS+H_2S \xrightarrow{HCl} CdS+2H^+$$

O precipitado de sulfureto de Cu^{2+} e Cd^{2+} digerido com ácido nítrico concentrado (HNO_3) e uma solução límpida de Cu $(NO_3)_2$ e $Cd(NO_3)_2$ produzem as seguintes reacções

$$CuS+2HNO_3 \rightarrow Cu(NO_3)_2+H_2S, \qquad CdS+2HNO_3 \rightarrow Cd(NO_3)_2+H_2S$$

Quando uma solução aquosa de Cu $(NO_3)_2$ e de $Cd(NO_3)_2$ é tratada com uma solução de cianeto de potássio (KCN) em excesso, o ião Cd^{2-} precipita primeiro em cianeto, enquanto o ião Cu^{2-} permanece em solução porque

O $Cu(NO_3)_2$ reage com KCN e dá origem a

$Cu(CN)_2$as $Cu(NO_3)_2+2KCN \rightarrow Cu(CN)_2+2KNO_3$

$2Cu(CN)_2 \rightarrow Cu_2(CN)_2+(CN)_2\uparrow$ (cynogen gas) (gás cinogénio)

$Cu_2(CN)_2 + 6\,KCN \rightarrow 2K_3[Cu(CN)_4]$ (complexo instável)

$K_3[Cu(CN)_4] \rightleftharpoons 3K^+ + [Cu(CN)_4]^{3-}$ (unstable complex ion)

$[Cu(CN)_4]^{-3} \rightleftharpoons Cu^+ + 4CN^-$ --------------------------(I) (ião complexo instável)

Aplicando a lei da ação das massas à reação acima referida (I), obtemos

$K_{inst} = [Cu^+]\,[CN^-]^4 / [Cu(CN)_4]^{-3} = 5.00\times10^{-28}$

Quando o $Cd(NO_3)_2$ reage com KCN em excesso, obtém-se um ciano muito fraco complexo $Cd(NO_3)_2 + 2KCN \rightarrow Cd(CN)_2 + 2KNO_3$

$Cd(CN)_2 + 2KCN \rightarrow K_2[Cd(CN)_4]$

$K_2[Cd(CN)_4] \rightleftharpoons 2K^+ + [Cd(CN_4)]^{-2}$

$[Cd(CN_4)]^{-2} \rightleftharpoons Cd^{++} + 4CN^-$ ----------------------------------(II)

Aplicando a lei da ação das massas à reação (II)obtém-se $K_{inst} = [Cd^+]\,[CN\,]^{-4} / [Cu(CN)_4]^{-2} = 1,4\times10^{-17}$

O valor da constante de ionização para $[Cd(CN_4)]^{-2}$ é superior ao de $[Cu(CN)_4]^{-3}$ devido ao facto de o excesso de iões Cd^{++} permanecer livre em solução do que os iões Cu^{++}. Assim, o Cd livre^{++}

Os iões da solução precipitaram primeiro com o gás H_2S do que os iões Cu^{++}.

2) Separação de Co^{2+} de Ni^{2+} : -

Ambos os catiões são catiões IIIrd B Uma solução aquosa contendo os catiões Co^{2+} e Ni^{2+} tratada com NH_4OH e NH_4C e com excesso de H_2S produz um precipitado negro de CoS e NiS como

NH4Cl+NH4OH NH4Cl+NH4OH

1) $Co^{++} + H_2S \rightarrow CoS + 2H^+$ 2) $Ni^{++} + H_2S \rightarrow NiS + 2H^+$

Lavar o resíduo de CoS e NiS com água destilada e tratá-lo com água (HCL+HNO3= 1:3) num prato de evaporação. Evaporar a solução até à secura, arrefecer e adicionar um pouco de água destilada, agitar bem e filtrar.

Uma solução límpida de CoCl2 e NiCl2 produz como

$$3HCl + HNO_3 \rightarrow 2H_2O + 3Cl + NO$$

$$1) CoS + 2Cl \rightarrow CoCl_2 + S \quad 2) NiS + 2Cl \rightarrow NiCl_2 + S$$

Dividir a solução acima em duas partes e efetuar o teste para Co^{2+} e Ni^{2+}

Teste para Co^{2+} : -Tratar uma porção da solução acima com um pouco de álcool amílico, adicionar alguns cristais de NH_4CNS e agitar bem. A formação de uma camada de álcool de cor azul profunda indica a presença de

$$Co2{+}Co^{2+} + 4NCS^{-} \rightarrow [Co(NCS)_4]^{2-}$$

No ensaio acima referido, a utilização de água deve ser evitada porque, se for utilizada água, produz-se um ião complexo $[Co(H_2O)_6]$ de cor rosa em vez de um ião complexo $[Co(NCS)_4]^{2-}$ de cor azul ou verde.

O NI^{2+} presente na solução não forma um complexo colorido com o ião NCS^{-} . Assim, o Co^{2+} é detectado na presença deNi^{2+}

Ensaio para Ni^{2+} : - A uma outra porção da solução de ensaio adicionar NH_4OH em excesso até à alcalinização e uma solução alcoólica de dimetilglioxima suficiente para produzir um precipitado vermelho-escarlate de $[Ni(Dmg)_2]$indica a confirmação da presença de Ni^{2+}

A dimetilglioxima é um reagente específico para o Ni^{2+} , produzindo um precipitado vermelho-escarlate para o Ni^{2+} em meio alcalino, mas não produz esse precipitado para o Co .$^{2+}$

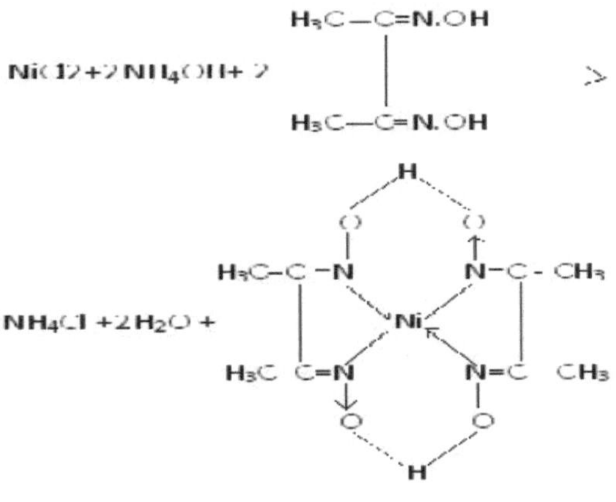

Complexo de Ni(Dmg)2 de cor vermelha escarlate DETEÇÃO E SEPARAÇÃO DE RADÍCULAS ÁCIDAS (POR FORMAÇÃO DE COMPLEXOS)

1) Separação de Cl- de Br -e I-:-

Todos os halogenetos têm propriedades semelhantes. O reagente de grupo para os halogenetos é o nitrato de prata ($AgNO_3$), que dá origem a precipitados de halogenetos como AgCl (branco), AgBr (amarelo pálido) e AgI (amarelo), todos insolúveis em água diluída.

$$HNO_3MX{=}AgNO_3 \rightarrow AgX\downarrow + MNO_3$$

Em que $X{=}Cl^-$,Br^- ou I^- e $M{=}Na^+$ ou K^+

O Cl^- pode ser separado do Br^- e do I^- , uma vez que o precipitado de AgCl, AgBr e AgI é tratado com uma solução aquosa de carbonato de amónio. O cloreto de prata dá uma solução clara de complexo de aminas, enquanto o AgBr e o AgI são pouco solúveis em solução de amoníaco, pelo que não se dissolvem quando a solução é centrifugada. O centrifugado que contém Cl^- é acidificado com HNO3 diluído.

$$Ag^+ + Cl^- \rightarrow AgCl\downarrow$$

$$AgCl\downarrow + (NH_4)_2CO_3 \rightarrow [Ag(NH_3)_2]Cl + H_2O + CO_2$$

$$[Ag(NH_3)_2]Cl + 2HNO_3 \rightarrow AgCl\downarrow + 2NH_4NO_3$$

Deste modo, o ião Cl^- é detectado e separado da mistura que contém Cl^- , Br e I

NH4OH não é utilizado nas reacções acima referidas porque o AgBr é parcialmente solúvel em amoníaco

2) DETEÇÃO DE A $NO2^-$ E $NO3^-$ (pelo TESTE DO ANEL CASTANHO)

Se a mistura em causa contiver NO_2^- e NO_3^- , ambos podem ser detectados pelo ensaio do anel castanho do seguinte modo

a) Deteção e confirmação de $NO2^-$:-Tratar a solução aquosa de uma mistura que contenha $NO2^-$ e NO_3^- com uma solução fria, fresca e saturada de $FeSO_4$ num tubo de ensaio limpo, adicionando-lhe uma solução diluída de CH_3COOH a partir da parede lateral do tubo de ensaio até a solução se tornar ácida, o anel castanho do complexo [FeNO]SO4 (ou solução de cor castanha) produzido na junção das camadas líquidas indica a conformação do ião NO_2^- .

O anel castanho de [FeNO]SO4 é produzido pelas seguintes reacções

$NO_2^-+CH_3COOH \rightarrow CH_3COO^-+HNO_2 3HNO_2 \rightarrow$
$H_2O+HNO_3+2NO\uparrow$ $Fe^{2+}+SO_4^{2-}+NO \rightarrow [FeNO]SO_4$

Para a deteção de N(2-, a solução aquosa utilizada deve estar isenta de Br e I-, que formam complexos corados com Fe .$^{2+}$

b) Deteção e conformação do NO3$^-$:-Tratar a solução aquosa da mistura que contém o ião N(3$^-$ (isento de N(2$^-$ Br$^-$ e I$^-$) com I2S(4 concentrado em quantidade suficiente, agitar e arrefecer sob água corrente. Adicionar a esta solução uma solução de FeS(4) fria, fresca e saturada, a partir da parede lateral do tubo de ensaio. O anel castanho na junção das duas camadas líquidas indica a conformação do ião N(3$^-$

O anel castanho do ião complexo [FeN(]$^{2+}$ é produzido pelas seguintes reacções

$2NO_3^-+H_2SO_4 \rightarrow 2HNO_3+SO_4^{2-}$

$2HNO_3 \rightarrow H_2O+2NO+3[O]$

$2Fe^{2+}+2H^++[O] \rightarrow H_2O+2Fe^{3+}$ $Fe^{2+}+NO \rightarrow [FeNO]^{2+}$

A solução aquosa utilizada para a confirmação de N(3$^-$ deve estar isenta de iões N(2$^-$, Br$^-$ e I$^-$.

APLICAÇÕES (F (XIDATI(N-REDUCTI(N: -

Na análise qualitativa, muitos catiões e aniões são detectados através do seu comportamento face a agentes oxidantes ou redutores 1) Separação de Cl, Br e I:- Os Cl, Br e I são separados uns dos outros por dois métodos prováveis

Método -I: -Utilização de per sulfato de potássio (K2S2O8) O potencial de oxidação do K2 S2(8é muito elevado (2,05V), pelo que é utilizado para a separação de Cl$^-$,Br$^-$ e I$^-$

a) **Deteção, confirmação e remoção de I$^-$** :- À mistura de Cl$^-$, Br$^-$ e I$^-$ adiciona-se pouco (K2S2O8)

e a mistura é aquecida, a evolução de vapores violetas indica a deteção e confirmação de I$^-$ em solução.

Calor

$$2KI+K_2S_2O_8 \rightarrow 2K_2SO_4+I_2\uparrow$$

Adicionar um ligeiro excesso de K2S2O8 e aquecer suavemente até que os vapores violetas desapareçam completamente (evitar o sobreaquecimento) - I^- completamente removido. Aqui, o sulfato oxida I^- a I2 e reduz-se a S(4^{2-}

b) **Deteção, confirmação e remoção do Br^- :-Tomar** a solução do teste acima, isenta de I^-, e adicionar H2S(4) diluído e agitar a solução suavemente. A formação de vapores castanhos indica a deteção e confirmação do Br .$^-$

$$2KBr + K_2S_2O_8 + 2H_2SO_4 \xrightarrow{\text{Calor}} 4KHSO_4 + Br_2\uparrow$$

Adicionar um ligeiro excesso de K2S2(8 e aquecer a solução suavemente até à remoção completa dos vapores castanhos (evitar o sobreaquecimento). Br^- completamente removido. Aqui, o sulfato de potássio oxida o Br^- a Br2

c) **Deteção e confirmação de Cl^- :-Tomar** a solução do ensaio acima referido isenta de I^- e Br^- e adicionar-lhe AgN(3 suficiente para produzir um precipitado branco de AgCl que se dissolve completamente em amoníaco e depois reprecipita com HN(3 diluído, confirmando a presença do ião Cl^- na solução

$$Cl^- + Ag^+ \rightarrow AgCl\downarrow$$

$$AgCl + 2NH_4OH \rightarrow [Ag(NH_3)_2]Cl + H_2O$$

$$[Ag(NH_3)_2]Cl + 2HNO_3 \rightarrow AgCl\downarrow + 2NH_4NO_3$$

MÉTODO II: -UTILIZAÇÃO DE ÁGUA COM CLORO:-

1) À solução aquosa de uma mistura contendo Cl-, Br^- e I- adicionar água clorada e clorofórmio em quantidade suficiente. Agitar bem a solução e deixar separar duas camadas. A cor violeta da camada orgânica inferior indica a presença de I^- na solução dada. Colocar a camada aquosa superior num tubo de ensaio e adicionar-lhe o excesso de água clorada e clorofórmio, agitar bem e repetir o processo até que a cor violeta da camada orgânica inferior não se produza. Neste teste, o próprio Cl2 sofre redução e oxida o I^- em iodo, que se dissolve na camada orgânica (clorofórmio) e dá cor violeta à camada orgânica.

$$2NaI + Cl_2 \rightarrow 2NaCl + I_2$$

Or

$$[2I^- + Cl_2 \rightarrow 2Cl^- + I_2]$$

2) À camada aquosa da etapa anterior (isenta de I^-) adicionar água clorada e clorofórmio em quantidade suficiente. Agitar bem a solução e deixar separar duas camadas A cor amarela da camada orgânica inferior indica a presença de Br^- na solução dada. Adicionar o excesso de água clorada e clorofórmio à camada aquosa superior e agitar bem até que a cor amarela da camada orgânica inferior não se produza. Aqui o Br^- é completamente removido neste ensaio, o próprio cloro sofre redução e oxida o Br^- a $Br2$
que se dissolve na camada orgânica (clorofórmio) e dá cor amarela à camada orgânica

$$2NaBr + Cl_2 \rightarrow 2NaCl + Br_2$$

Or

$$[2Br^- + Cl_2 \rightarrow 2Cl^- + Br_2]$$

3) A camada aquosa da etapa anterior (completamente isenta de I^- ,Br^- e da camada orgânica) ou a solução aquosa que contém Cl^- ,Br^- e I^- é utilizada para a confirmação de Cl^- , que pode ser tratada com uma solução de AgNO3. Obtém-se um precipitado branco de AgCl. Este pode ser tratado com uma solução aquosa de carbonato de amónio. O AgCl dá origem a uma solução límpida de complexo de aminas. Se a solução for tratada com HNO3 diluído, o ião Ci^- precipita como AgCl. Assim, o ião Cl^- é detectado e confirmado.

$$Ag^+ + Cl^- \rightarrow AgCl\downarrow$$

$$AgCl + (NH_4)_2CO_3 \rightarrow [Ag(NH_3)_2]Cl + H_2O + CO_2$$

$$[Ag(NH_3)_2]Cl + 2HNO_3 \rightarrow AgCl\downarrow + 2NH_4NO_3$$

a. SEPARAÇÃO DE **$NO2^-$** E **$NO3^-$: -**

a) **Deteção de $NO2^-$:** A solução aquosa contendo NO^- e NO^- foi acidificada com H SO e tratada com uma solução muito diluída de KMnO4. Descoloração de A solução de KMnO4 confirma a presença de $NO2^-$ aqui o KMnO4 é reduzido por

HNO2 a MnSO4, enquanto que o HNO2 é oxidado a HNO3

$2KMnO_4+3\ H_2SO_4 \rightarrow K_2SO_4+2MnSO_4+3H_2O+5(O)$

$2KNO_2 + H_2SO_4 \rightarrow K_2SO_4+2HNO_2\ HNO_2+(O) \rightarrow HNO_3$

O nitrato presente na solução não interfere no teste acima.

b) **Deteção de $NO3^-$:-Após** a remoção do $NO2^-$, o $NO3^-$ pode ser testado através dos seguintes ensaios: -

1) A solução é aquecida com folha de Cu e H2SO4 conc. O gás castanho que evolui e torna preto o papel de iodeto de amido indica a confirmação deNO3 .$^-$

$2NaNO_3+\ H_2SO_4 \rightarrow Na_2SO_4+2HNO_3\ \ Cu+$
$4HNO_3 \rightarrow Cu(NO_3)_2+2NO_2\uparrow+2H_2O$

2) Ensaio do anel castanho: -[Consultar o ensaio do anel castanho para NO3]$^-$

TESTES PONTUAIS

Em 1918, o cientista F. Fiegl e os seus colegas desenvolveram uma técnica analítica avançada para a deteção e confirmação de radicais básicos, designada por análise de testes pontuais. Esta técnica é muito superior à análise semi-micro-qualitativa inorgânica devido às seguintes vantagens

Vantagens

1) São necessários equipamentos muito simples.
2) É necessário muito pouco espaço.
3) É necessário um menor número de trabalhadores.
4) São necessárias quantidades muito reduzidas de amostras e reagentes.
5) Técnica muito rápida, pode ser consumida em menos tempo.
6) É mais económico.
7) Simples de utilizar.
8) Técnica livre de poluição.
9) Realizado mesmo a nível micro.

A análise do teste pontual é uma técnica simples para a qual são necessárias uma ou duas gotas de solução de amostra de um material de elevada pureza. É necessária uma gota de solução reagente. Os equipamentos necessários são tiras de papel de filtro ou uma placa para análise pontual, frascos de reagentes, recipientes para a solução de amostra, secador, etc.

Procedimento experimental para a análise pontual: - Colocar uma gota de solução de amostra numa tira de papel, secá-la com o secador e aplicar uma gota de um reagente, o desenvolvimento de uma cor intensa na tira de papel indica a confirmação do catião. Os testes pontuais também podem ser efectuados numa placa pontual.

Requisitos: - Os requisitos básicos da análise de ensaio pontual são: sais e reagentes inorgânicos de elevada pureza (grau A.R.), condições experimentais adequadas e limpeza do equipamento e do local de trabalho

A técnica tem algumas limitações, como o facto de os reagentes necessários para a análise terem de ser de qualidade superior, o que é dispendioso. A solução da amostra deve estar isenta de contaminação e deve ser preparada utilizando sais inorgânicos de grau A.R. A formação de complexos organometálicos ou as reacções de quelação que ocorrem na análise de testes pontuais podem não ser claramente compreendidas.

QUADRO 3:3 DETEÇÃO DE ALGUNS CATIÕES POR ANÁLISE PONTUAL

Teste	Observação Cor da mancha	Inferência
1)Ensaio do ácido cubéico:- colher uma gota de solução original (S.O.) numa tira de papel + uma gota de reagente e expor ao gás NH3	a)Verde azeitona b)Azul c)Castanho	Cu^{2+} presente Ni^{2+} presente Co^{2+} presente
2)Ensaio da dimetilglioxima:- Colher uma gota de O.S. numa tira de papel +adropo de reagente e expor ao gás NH3	Cor vermelha escarlate	Ni^{2+} presentes e confirmados
3)Ensaio de ferrocianeto de potássio:- Colocar uma gota de O.S. numa placa de observação + uma gota de	Cor azul intensa	Fe^{3+} presente e confirmado

reagente		

PROCEDIMENTO SISTEMÁTICO PARA A ANÁLISE SEMI-MICRO-QUALITATIVA DE MISTURAS DE SAIS INORGÂNICOS CONTENDO DOIS SALGADOS SIMPLES

O esquema de análise da mistura de sais envolve principalmente as seguintes etapas

1. Testes preliminares,
2. Deteção de radicais ácidos
3. Deteção de radicais básicos
4. Relatório sistemático

1. TESTES PRELIMINARES:

a) Estado físico:Sólido

b) Aspeto:Cristalino/amorfo

c) Cor:

d) Solubilidade: A solubilidade deve ser testada com vários solventes, primeiro a frio e depois a quente, pela seguinte ordem de solventes:

i) água,

ii) HCl diluído

iii) HNO_3 diluído

iv) con.HNO_3

2. DETEÇÃO DE RADICAIS ÁCIDOS:

Os radicais ácidos são classificados nos três grupos abaixo indicados, com base na reação com o reagente de grupo

Número do grupo	Reagente de grupo	Radicais
I	Ácido HCl diluído	Carbonato(CO_3^{2-}),Bicarbonato(HCO_3^-)
II	Con.H_2SO_4	Cloreto(Cl^-), Brometo(Br^-) Nitrato(NO^-)
III	-	Borato (BO_3^{3-}),Fosfato (PO_4^{3-}) Sulfato (SO_4^{2-})

DETEÇÃO DE RADICAIS ÁCIDOS DE GRUPO:

Experiência	Observação	Inferência
Mistura de sais + ácido clorídrico dil. Ácido clorídrico num tubo de ensaio semi-micro.	Efervescência rápida É incolor e tem um odor menos gasoso	1 grupo de radicais ácidos Presente Pode ser carbonato ou bicarbonato
Pesquisa de carbonato/bicarbonato Mistura de sais + HCl diluído, passando o gás evaporado através de um tubo de ensaio contendo água de cal **Testes de confirmação**: Mistura de sal+água, o conteúdo do tubo de ensaio é fervido, o gás evoluído é passado através de um tubo de ensaio contendo água de cal	A água de cal torna-se leitosa i) A água de cal torna-se leitosa ii) A água de cal não se torna leitosa	Presença de carbonato ou bicarbonato O bi-carbonato é confirmado Carbonato é confirmado

Deteção de radicais ácidos do grupo II

Colocar a mistura de sais num tubo de ensaio seco + Con. Ácido sulfúrico (5 gotas) Se não houver reação a frio, aquece-se o tubo de ensaio e observa-se a natureza do gás libertado **Pesquisa de cloretos (Cl-)** Mistura de sais + ácido sulfúrico, uma vareta de vidro mergulhada em ácido sulfúrico. A solução de hidróxido de crómio é exposta ao gás que sai. Teste do cloreto **de** crómio (Teste de confirmação para o cloreto	Reação vigorosa i) Gás fumígeno incolor ii) Vermelho é fumos castanhos no frio iii) Fumos castanhos avermelhados quando aquecidos Fumos brancos densos Precipitado amarelo brilhante	II estão presentes radicais ácidos do grupo II Pode ser cloreto Pode ser brometo Pode ser nitrato O cloreto está presente O cloreto é confirmado
Colocar a mistura de sais e os cristais de dicro-matéria de		

potássio num tubo de ensaio seco +Con.H_2SO_4, aquecer o conteúdo e passar para um tubo de ensaio contendo água + NH_4OH +ácido acético + acetato de chumbo, agitar bem.		
Teste para Brometo(Br^-): Sal mistura+ácido sulfúrico Teste de confirmação para o brometo (Globuletest): Solução salina+Carbontetracloreto+10 gotas de água de cloro, agitada bem	Fumos castanhos avermelhados Glóbulo vermelho alaranjado	O brometo está presente Brometo confirmado
Pesquisa de nitratos (NO_3)$^-$ Mistura de sal + cobre em pó+Con . sulfúrico ácido, o conteúdo é aquecido. **Teste de confirmação para nitrato** (Teste de Brownring): Solução salina+Solvente de sulfatos recém-preparado (se aparecer precipitado, centrifugar). No filtro, adicionar lentamente ácido sulfúrico nas paredes do tubo de ensaio.	Em vapores tensos de cor castanha avermelhada Forma-se um anel castanho na junção das duas soluções	Nitrato confirmado Nitrato confirmado

DETEÇÃO DE RADICAIS ÁCIDOS DO GRUPO III

Pesquisa de boratos (BO_3)$^{3-}$	Os vapores ardem com uma chama de bordos verdes	Borato é confirmado O fosfato é confirmado
Mistura de sal + 10 gotas de ácido con. Ácido sulfúrico + álcool		

etílico aquecidos, os vapores que saem do tubo são inflamados **Ensaio para fosfato (PO4)$^{3-}$**	Precipitado amarelo brilhante Precipitado branco	O sulfato está presente O sulfato é confirmado
Solução salina + con. Ácido nítrico aquecido, arrefecido + 1 ml de solução de amoníaco-molibdato **Ensaio do sulfato (SO4)$^{2-}$**	Precipitado branco insolúvel	
Solução salina+dil.HClácido + Solução de cloreto de bário. À mistura acima referida é adicionado um excesso de ácido clorídrico diluído.		

3. DETECÇÃO DE RADICAIS BÁSICOS

Preparação da solução original: Cerca de 5-10mg da mistura de sal tratada com os seguintes solventes, primeiro a frio e depois a quente. 1) Água 2) Dil. Cerca de um quarto de tubo de ensaio da mistura solvente + sal em pequenas porções com agitação para obter uma solução saturada (o.S). O quadro seguinte apresenta a classificação dos sais de base

em vários grupos com base na sua reação com o reagente de grupo.

Número do grupo	Grupo Reagente	Radicais	Composição do precipitado	Cor do Precipitado
I	Dil. HCl	Pb^{2+}	PbCl2	Branco
II	Dil.HCl+ H2S*	Bi^{3+} Cu Cd^{2+} 2+	Bi2S3 Cu SC dS	Castanho Preto Amarelo
II I	NH4Cl(s)+NH4OH (excesso)	Fe^{2+} Fe^{3+} Al^{3+}	Fe(OH)2Fe (OH)3 Al(OH)3	VerdeVermelho. Castanho Gel.branco
IV	NH4Cl(s)+NH4OH(ex) + H2S*	Zn $Mn^{2+\ 2+}$	ZnS Mn S	Bufo branco
V	NH4Cl(s)+NH4OH(ex) +(NH4)2CO3	Ba^{2+} Sr^{2+} Ca^{2+}	Ba CO3Sr CO3C aCO3	Branco Branco

				Branco
	*Pode ser utilizada uma solução de tioacetamida em água em vez de sulfureto de hidrogénio	NH4+ Mg^{2+} Na+K +	- - -	- - -

NOTAS:

1. Utiliza-se cerca de 1 ml da solução original para cada grupo de testes.
2. Se for encontrado um precipitado em qualquer ensaio de grupo de radicais básicos, a precipitação deve ser efectuada adicionando o reagente desse grupo à parte restante da solução original para uma precipitação completa e centrifugada. O precipitado acima referido deve ser utilizado para esse grupo e o centrifugado límpido é utilizado para a análise subsequente do grupo.
3. Se os grupos anteriores não estiverem presentes, utilizar diretamente o S.O. ou a mistura de sais.
4. Uma vez que o ensaio do radical amónio é efectuado diretamente com a mistura de sais e que a presença de outros iões metálicos não interfere com o seu ensaio, este é efectuado no início da análise dos radicais básicos
5. Pode adicionar-se lentamente amoníaco líquido em vez de hidróxido de amónio até a solução cheirar a amoníaco.
6. Para a análise dos grupos II e IV, pode ser utilizada uma solução de tioacetamida em água ou uma solução de sulfureto de sódio em vez de sulfureto de hidrogénio.

Experiência	Observação	Inferência
TESTE DO AMÓNIO ADICAL($NH4^{+}$) 5-10mg da mistura de sais+lml de solução de NaOH, o conteúdo do tubo de ensaio é aquecido Amoistredlitmuspaperisex colocado ao gás que está a sair	Libertação de um gás de odor pungente O tornassol vermelho torna-se azul Precipitado castanho-avermelhado	VI Grupo radicalis de base presente Pode ser radical de amónio Radicais de amónio presente**($NH4$)**$^{+}$

Ensaio de confirmação do teor de $NH4^+$ Ensaio com o reagente de Nessler : 10 mg da mistura de sal + 1 ml de hidróxido de sódio ebulição e passagem dos vapores para um tubo de ensaio contendo o reagente de Nessler		O amónio é Cofirmado ($NH4+$)

IONICREACTION:

$$NH_4^+ + 2[HgI_4]^{2-} + 4OH^- \rightarrow HgO.Hg^*NH_2]I + 7I^- + 3H_2O$$

Red.brow nppt.

+2---

Vermelho.brow nppt.

DETEÇÃO DE RADICAIS BÁSICOS DO GRUPO I

1ml da solução original+lml de dilHCl em excesso	Precipitado branco	I grupo radical de base Está presente
Resíduo(Ppt.)Centrifugação: Centrifugado (separado e utilizado para outros grupos) Resíduo do grupo anterior + 5 ml de água, fervido e arrefecido. A solução quente acima é dividida em duas partes e testada da seguinte forma: **Testes de confirmação de chumbo**	Os resíduos dissolvem-se a quente e reaparecem no arrefecimento Precipitado amarelo brilhante Amarelo brilhante Precipitado Lantejoulas amarelas douradas	Pb^{2+} está presente Pb^{2+} está confirmado Pb^{2+} está confirmado
1. Cromatato de potássio st: I parte + ácido acético + solução de cromato de potássio. 2. Ensaio **das lantejoulas**		

amarelas douradasII parte + 1 ml de solução de iodeto de potássio, o precipitado amarelo obtido é dissolvido em excesso de água e fervido, arrefecendo-se lentamente o conteúdo sob a torneira.		

Reacções iónicas:

1. $Pb^{2+} + CrO_4^{2-} \rightarrow PbCrO_4$
2. $PB^{2+} + I^{-} \rightarrow PBI_2$

Deteção de radicais básicos do grupo II

Cerca de 1 ml do centrilugado do grupo acima referido (ou solução original) se o grupo I estiver ausente) + dilHCl +H2S passa um gás ou uma solução de tioacetamida (se não se observar precipitado, verificar diluindo com 2-3 gotas de água). Observa-se a cor do precipitado ^Resíduo(Ppt.) Centrífugax Centrifugar (separados e utilizados para outros grupos) Odropsofyel com baixo teor de sulfureto de amónio+NaOH, aquecido. Abovestepresidue+lmlofdil.Nitri cacid, aquecido. Solução clara da etapa anterior diluída em H_2 SO_4 +Etanol, suavemente	Precipitado colorido i) Precipitado preto ii) Precipitado castanho escuro iii) Precipitado amarelo (na diluição) Restos de precipitado O precipitado dissolve-se Sem alterações	O radical básico do grupo II está presente Talvez Cu^{2+} Pode serBi^{3+} TalvezCd 2+ Grupos II'A' o radical básico está presente Pode ser Bi^{3+} , Cu^{2+} ouCd^{2+} o chumbo está ausente

agitado.		
Teste de confirmação para Bi^{3+} : Presídio acima do passo + 4 gotas de Con.HCl, solução límpida+NaOH + solução de cloreto estanoso Ensaio de confirmação para **Cu^{2+}** : (Se a solução for azul, só este ensaio é efectuado) Solução de cor azul na etapa anterior + ácido acético + solução de ferrocianeto de potássio Ensaio de confirmação para **Cd :**$^{2+}$ Solução límpida + 3 gotas de água + gás H_2S ou solução de tioacetamida aquecida	O precipitado dissolve-se Precipitado castanho-escuro Precipitado castanho chocolate Precipitado amarelo	Bi^{3+} está confirmado Cu^{2+} é confirmado Cd^{2+} está confirmado

REACÇÕES IÓNICAS:

I) $Bi^{3+} + 3OH^{-} \rightarrow Bi(OH)_3$(WHITEPPT)
ii) $2Cu^{2+} + [Fe(CN)_6]^{4-} \rightarrow Cu_2[Fe(CN)_6]$(Chocolate brown ppt)
iii) $Cd^{2+} + S^{2-} \rightarrow CdS$(Yellow ppt.)

Chocolate castanho ppt)

(Amarelo ppt.)

Deteção de radicais básicos do grupo III

O centrifugado do grupo II é fervido para expelir todo o H_2S, 2 gotas de HNO3 concentrado ou 1 ml de solução salina, quando os dois primeiros grupos já não estão presentes + NH_4Cl sólido ainda saturado + excesso de amoníaco líquido até cheirar suficientemente Observar a cor e a natureza do precipitado -Resíduo(Ppt.) Centrifugação/ * Centrifugado (separado e utilizado para outros grupos)	Obtenção de um precipitado i) Branco gelatinoso ii) Verde sujo iii) Castanho avermelhado i) Precipitado verde ou castanho avermelhado ii) Solução límpida	III Grupo Radical básico está presente TalvezAl^{3+} TalvezFe^{2+} Pode serFe^{3+} **i)** TalvezFe^{2+} / Fe^{3+} ii) Al^{3+} está presente

Resíduo do grupo acima + excesso de solução de NaOH, bem agitado.		
Confirmação para Al^{3+} :Solução límpida acima + Cloreto de amónio sólido , bem agitado, fervido e arrefecido Teste de confirmação para **Fe :**$^{2+}$ Resíduo da etapa anterior + 10 gotas de Dil.HCl + 10 gotas de Potássio Solução de ferricianeto Teste de confirmação para **Fe :**$^{3+}$ Abovestepresidue+10 gotas de Dil. HCl + 10 gotas de solução de ferrocianeto de potássio	Precipitado branco gelatinoso Precipitado azul profundo Precipitado azul profundo	Al^{3+} está confirmado Fe^{2+} isconfirmed Fe^{3+} é confirmado

REACÇÕES IÓNICAS:

I) $Al^{3+}+3OH^- \rightarrow Al(OH)_3, Al(OH)_3+OH^- \rightarrow *AlO_2]^-+2H_2O$
Gel.white colorless ln.

II) $Fe^{2+}+2OH^- \rightarrow Fe(OH)_2, 3Fe^{2+}+2\,[Fe(CN)_6]^{3-} \rightarrow Fe_3[Fe(CN)_6]_2$
Green Deepblue

III) $Fe^{3+}+3OH^- \rightarrow Fe(OH)_3, 4Fe^{3+}+3\,[Fe(CN)_6]^{4-} \rightarrow$
$Fe_4[Fe(CN)_6]_3$ RED.BROWN DEEP BLUE

Deteção de radicais básicos do grupo IV

Centrifugado do grupo acima (ou da solução original, se os grupos acima estiverem ausentes) + NH4Cl sólido + Excesso de licoramoníaco+H2Sgasis solução de ortoacetamida passada e aquecida Observa-se a cor do precipitado *R* Resíduo (ppt.) Centrifuge: Residue(Ppt.) / Centrifugate Centrifugação^	Formação de um precipitado i) Branco baço ou branco ii) Amarelado O precipitado resolve	Grupo IV Básico Radical está presente Pode ser zinco Pode ser manganês Pode serZn^{2+}

Centrifugado (separado e utilizado para outros grupos) Resíduo do grupo acima + algumas gotas de dil. HCl diluído, aquecido		ouMn^{2+}
Distinção entreZn^2 + eMn^2 +: A solução acima referida é fervida com 2 gotas de ácido nítrico concentrado para expelir todo o H_2S + a solução de NaOH é adicionada gota a gota e em excesso. Teste de confirmação para **Zn :$^{2+}$** Solução límpida acima referida + 5 gotas de ácido acético + 5 gotas de solução de ferrocianeto de potássio Confirmatory test for Mn^{2+}:(Permanganicacid test): Teste de confirmação para Mn^{2+} : (teste do ácido permanganico): Abovestepfleshor Precipitado de búfalo + 5 gotas de água + uma pitada de peróxido de chumbo + algumas gotas de ácido cítrico, fervidos durante 3 minutos com agitação, diluídos com água e deixados em repouso durante algum tempo.	i) Solução límpida ii) Precipitado de cor amarela ou castanha Precipitado branco Coloração cor-de-rosa na parte super natante do líquido	Zn^{2+} está presente Mn^{2+} está presente Zn^{2+} está confirmado Mn^{2+} está confirmado

IONICREACTIONS : 1.Zn^{2+}+$[Fe(CN)_6]^{4-}$→ $Zn_2[Fe(CN)_6]$((WHITE PPT.)

2.$2Mn^{2+} + 5PbO_2 + 4H^+ \rightarrow 2MnO_4^- + 5Pb^{2+} + 2H_2O$

(PINK)

Deteção de radicais básicos do grupo V

O centrifugado do grupo IV é fervido com 2 gotas de ácido nítrico concentrado para expelir a queda de H_2 S (ou solução original se os quatro grupos acima referidos forem utilizados). Grupos estão ausentes)+NH4Q sólido + excesso de amoníaco do	Precipitado branco	O grupo V Radical básico está presente

licor+amónio carbonato solução em excesso. Resíduo (Ppt.) Centrifugação: Centrifugado (separado e utilizado para o grupo seguinte)		
O resíduo do grupo acima está dividido em duas partes, uma das quais é Conservar para efetuar o ensaio de chama. Uma outra parte é dissolvida em ácido acético e dividida em 3 partes. **Ensaio de Ba^{2+}** :I parte+solução de cromatos de potássio . Teste de confirmação: - Teste flamético		
Resíduos da etapa anterior ou toda a parte do resíduo do grupo V + gota de Con.HCl, é efectuado o teste de chama **Teste para Sr^{2+}** : II parte + solução saturada de sulfato de amónio. Ensaio de confirmação :- Teste de chama Resíduo da etapa anterior ou parte II do resíduo do grupo V + uma gota de Con.HCl, é efectuado o ensaio **de** chama **Ensaio para Ca^{2+}** :III parte+ammo- Solução de nioxalato, bem agitada Ensaio de confirmação: - Ensaio de inflamação	i) Precipitado amarelo ii) Solução amarela Chama de cor verde-maçã Precipitado branco Sem Precipitado Carmesim chama de cor vermelha Precipitado branco Chama de cor vermelho tijolo	Ba^{2+} está presente Ba^{2+} está ausente Ba^{2+} está confirmado Sr^{2+} está presente Sr^{2+} está ausente O Sr.$^{2+}$ está confirmado Ca^{2+} está presente Ca^{2+} é confirmado

Resíduo da etapa anterior ou parte II do resíduo do grupo V + uma gota de Con.HCl, é efectuado o ensaio de chama		

Reacções iónicas:

Ionic reactions: 1. $Ba^{2+} + CrO_4^{2-} \rightarrow BaCrO_4$ **(Yellowppt.)**

2. $Sr^{2+} + SO_4^{2-} \rightarrow SrSO_4$ **(WhitePpt.)**

3. $Ca^{2+} + C_2O_4^{2-} \rightarrow CaC_2O_4$ **(WhitePpt.)**

VI GRUPO RADICAIS BÁSICOS

V O centrifugado do grupo ou a solução original (se houver amónio ou se os grupos anteriores estiverem ausentes) é dividido em duas partes iguais e testado		
Teste para Mg^{2+} : Parte mais pequena+NH4Cl sólido+Excesso de líquido ou NH3+10 gotas de hidrogenofosfato de amónio solução, bem agitada.	Branco-cristalino precipitar	Mg^{2+} está confirmado

Reação iónica: Mg2++NH4+ + PO4^{3-} >Mg(Nll4)P()4(Whiteppt)

Testes para Na^+ e K^+ : A maior parte do grupo V centrifugado ou solução original + 12 gotas de con.HCl e a solução é evaporada até à secura num pequeno cadinho de porcelana com agitação até que não sejam libertados mais fumos e arrefecida. Uma parte deste resíduo é conservada para o ensaio de chama. A parte restante do resíduo é dissolvida em cerca de 2 ml de água. Divide-se em duas partes e testa-se como se segue.

Teste paraNa$^+$:Ipart +alc.KOH+ + 10 gotas de potássio solução de piro-antimonato, riscam-se os lados interiores do tubo de ensaio com a ajuda de uma vareta de vidro.	Precipitado branco	Na+está presente
Ensaio de confirmação: - Ensaio de chama	Chama amarela dourada	Na+é confirmado

O resíduo da etapa anterior ou II parte do extrato sólido evaporado + uma gota de Con.HCl, realiza-se o teste **de** chama **Teste para K^+** :II parte +10 gotas de solução de Picricacid, os lados internos do tubo de ensaio são riscados com a ajuda de uma vareta de vidro. Teste de confirmação:- Flametoscopia	Precipitado cristalino amarelo	K^+ está presente K^+ está confirmado
O resíduo da etapa anterior ou a parte II do extrato sólido evaporado + uma gota de Con.HCl, é submetido a um teste de chama.	Chama de cor violeta ou lilás	

Reacções iónicas:

Ionicreactions: 1.$2Na^+ + Sb_2O_7^{4-} + 2H^+ \rightarrow Na_2H_2Sb_2O_7$(Whiteppt.)

2.$K^+ + C_6H_2(NO_2)_3OH \rightarrow H^+ + C_6H_2(NO_2)_3O^-K^+$(Yellowppt.)

Relatório: A mistura de sal dada contém:

Radicais ácidos		
Radicais de base		

Necessário . Os equipamentos necessários são tiras de papel de filtro ou uma placa de ponto, frascos de reagentes, recipientes de solução de amostra, secador e etc.

Livros de referência

1. Barrow, G.M. Physical Chemistry Tata McGraw-Hill (2007).
2. Castellan, G.W. Physical Chemistry 4th Ed. Narosa (2004).
3. Kotz, J.C., Treichel, P.M. & Townsend, J.R. General Chemistry, Cengage Learning India Pvt. Ltd.: New Delhi (2009).
4. Mahan, B.H. Química Universitária, 3ª Ed. Narosa (1998).
5. Petrucci, R.H. General Chemistry, 5th Ed., Macmillan Publishing Co: New York,(1985).
6. Nelson, D. L. & Cox, M. M. Lehninger's Principles of Biochemistry 7th Ed., W. H. Freeman.
7. Berg, J.M., Tymoczko, J.L. &Stryer, L. Biochemistry, W.H. Freeman, 2002.
8. Vogel, A.I., Tatchell, A.R., Furnis, B.S., Hannaford, A.J. & Smith, P.W.G. ,Textbook of Practical Organic Chemistry, Prentice-Hall, 5ª edição, 1996.
9. Mann, F.G. & Saunders, B.C. Practical Organic Chemistry Orient- Longman, 1960.
10. Khosla, B. D.; Garg, V. C. & Gulati, A. Química Física Prática Sénior, R.Chand& Co: New Delhi (2011).
11. Ahluwalia,V.K&Aggarwal,R.Comprehensive Practical OrranicChemistry , Univerties Press
12. Chemistry for Degree Student, Dr. R. L. Madan, S. Chand and Co. New Delhi.

1.1 Química Inorgânica Vol. I, II e III de Mukharjee, Singh e Kapoor - Willey Eastern.

1.5 Espectroscopia de compostos orgânicos por P. S. Kalsi.

15 Química Física: Walter J. Moore, 5ª edn. New Delhi.

16 Química Física: G. M. Barrow, McGraw Hill, Indian Edn.

17 Princípio de Química Física: Maron e Prutton.

18 Princípios de Físico-Química: Puri e Sharma

19 Química Física: P. W. Atkins, 4ª Edn.

20 Livro de texto de Físico-Química: P. L. Sony O. R. Dhrma.

21 Físico-Química: Levine

22 Química Física Prática: Palit e De.

23 Química Física Prática: Yadao

24 .Práticas de química física: Khosla.

25 An introduction to synthetic drugs, Himalaya publishing house by Sing and Rangnekar.

MIX
Papier aus verantwortungsvollen Quellen
Paper from responsible sources
FSC® C105338

Printed by Books on Demand GmbH, Norderstedt / Germany